元祖

！

正しい引きこもり

？

プラナリアとの宿縁

秋本和弘
Kazuhiro Akimoto

日本文学館

まえがき

私は、ズボラでイーカゲンでメンドーくさがりやである。だから、その私にでさえ、長年にわたって系統を維持することができた生物は、真剣で厳密で持続力のある人にとっては、大変扱いやすい研究材料となるであろう。

ヤエヤマジュウニヒトエ〈学名〈世界共通のラテン語の名前〉は *Ajuga taiwanensis* NAKAI〉は、わが国では文字どおり沖縄の島々に生える、シソ科の野草である〈図鑑によってはヤエヤマキランソウと書いてあることもある〉。

一九七七年に、私は数人の先生がたの御教示をあおいで、沖縄の久米島にこの植物を採りに出かけた。しかし、見つけることができず、那覇市にお住まいの天野鉄夫氏の栽培品を分けていただいた。その何十代目かの子孫が、今もなお私の手許にある。種子が実れば、すぐ新しい用土に取り播きして、あとは放任しておく、という方法で二十七年間植え続けることができた。

が、一方で、この多年草をどのように枯らしてしまうかといえば、よくわからない根腐れ病か立ち枯れ病によってである。つまり、私は憎むべき病菌も同じ年月だけ培養していたことになる。

私が本書で詳しく述べようとしているプラナリアという水生生物は、捕って来てからまだ四年しか飼育していない。生物はある日突然、原因不明であるいは原因がわかっていても手の打ちようがなく、全滅する危険性を常に持っている。それからすれば、四年などという月日はいかにも短かい。

しかし彼ら（雌雄同体だから彼女ら？）は、私が与えるつもりはなかったのに課してしまった数多くの試練に耐えて、生き延びてきた虫たちである。今後も「人為的」ないろいろな困難に打ち克ってくれるだろうと楽観している。そして、私がもう少しマジメにやれば、もっともっと殖やせると確信している。

読者の皆さんは、次のようにお考えになるかもしれない。ヤエヤマジュウニヒトエだのプラナリアだの、そんなものを育てて飼って殖やして、一体何の役に立つのか。

その問いに、私はこう答えよう。生き物を増殖できるようにしておけば、いつか誰かが、何かしらの使いみちを考えつくだろう。それは、そういうことに成功していないのと比較すると、出発点で既に大差がついていることを意味する、と。

なにしろ生き物は、二宮尊徳が菜種油と木炭について指摘したように、無限の再生産が可能なのだから。

目次

後半　43

前半

高い買い物

プラナリアなるものが地球上に生息している、ということを私が知ったのは、高校一年の生物の授業で、「再生」という現象を学習した時である。細長い虫を横に二つに切ると、前方の断片の後ろの切り口にシッポの方ができてくるのはまだしも、後方の断片の前の切り口には頭が元通りにできてくるという。驚くべき能力である。

また、横に三つ以上に切って、前にも後ろにも切り口のある断片は、元の体でいえば、前の方に頭を後ろの方にシッポを再生する。つまり、体の「向き」を「覚えて」いるわけだ。こんなすごい虫に、生き物が好きで生物クラブに所属していた私は、かなり興味を持ってしまった。

翌年になって、「採集と飼育」(内田老鶴圃新社)という雑誌に、大阪教育大学教授(当時)の杉野久雄博士が、「プラナリアの採集・飼育・実験 1・2」(同誌 第31巻 8・10号 222〜229・294〜303ページ(一九六九年))という論文をお書きになった。写真が多く、一通り見ただけで驚嘆する内容だった。

たとえば、一匹の虫を十数個の断片に切ってそれらをならべ変えるという、神わざのような手術例が示されていた。それを読んだ私は、自分でもこの虫を使って何か実験したいと思った。ところが悲しいかな、写真や図は数多く見ていても、実物の虫は知らない。そこで最初は、教材屋さんから買うことにした。私は生物クラブの会計係をしていたのだった。プラナリアは一匹八〇円、一〇匹で八〇〇円だった。今から考えると、これはものすごく高いお値段の買い物だったのだが、とにかくこれで本物の生きているプラナリアを、心ゆくまでながめられたわけである。

初めて見るその虫は、茶色の細長くひらべったい動物で、節も脚もなく、思ったより小さく幅が二〜三ミリメートル、長さは二五ミリメートル位だった。そして、背中側の前の端に近い所に「寄り目」の眼があり、そのやや後ろのへりの部分が「耳」のように横に少し張り出しており、そこから前の方に直線的に体幅がせばまり、四角ばった「頭」を形成している。体の後端に向かっては、まん中より後方で徐々に細まり始めて、最後はやや急にすぼまっていた。そんな虫が水を入れた容器の底や側面、さらには逆さまに水面を、すべるように這い回っているのだった。そして、虫の他の物体と接触している面のまん中あたりに口があり、そこから前の部分に咽頭が納まっているのが認められた。

交通費の方が安い

生物クラブの顧問の先生は、実験に使う生物がどこで採集できるか実地に調べた資料を持っておられた。それによると、プラナリアは、東京の調布市内の寺院、国立市内の神社、八王子市内の寺院の、いずれも湧き水に生息していると書いてあった。三か所とも、都区内にある私の家から電車やバスを利用して、一〜二時間で行ける所だった。どんな虫かがわかった私は、それらの場所にさっそく行ってみた。そして、三か所すべてでプラナリアを見つけることができた。幅一メートルもない澄んだ流れの、日当りの悪い所に沈んでいる落ち葉を取り上げひっくり返すと、プラナリアがくっついていたのだった。

さらに、自分でも新たな採集地を探し出した。小さい頃の記憶をたどり、府中市内にこじんまりとした湧き水が、神社のように祀られているところがあることを思い出した。行ってみたら、少ないながらプラナリアが生息していた。世田谷区内の鯉の放たれた池に、二メートルほどの落差で常に水が注ぎこんでいる湧き水にいた。八王子市内の、バス道路のすぐ横に湧き出ている、細い流れでも見つけた。

実際のところ、低山地の渓流にはプラナリアがいるのが当然、といってもよいくらいなのだった。東京の高尾山の北側にも南側にも何回か採集に行き、どういう感じの所で川の中の石をひっくり返すとプラナリアがくっついていることが多いか、コツをつかんだ。プラナリアの体色は、茶色っぽいものばかりではないことも知った。

ところで、当時の交通費はいくらだったのか、古いハイキング用の地図二枚で調べてみた。一九六八年発行のものには、新宿から国鉄中央線で高尾まで二〇〇円そこから高尾橋（登山口）までバス代は一五円、同じく新宿から京王線で高尾山口まで一八〇円、とある。一九七六年版では、新宿から京王線で高尾山口まで二三〇円になっていた。

プラナリアを一〇匹買って代金が八〇〇円だったことを、私が「高い買い物」と書いたのは、ここに挙げた鉄道運賃が示しているその当時の物価水準を、漠然と記憶していたからであろう。しかし、知識を得るにはそれに見合う代価を支払わなければならない、と考えるべきかもしれない。

一口に「プラナリア」と言っても

ここで少し言葉の意味、もしくは定義づけについて論議してみたい。プラナリアという用語の示す対象は、広義と狭義の場合があるからである。近年は寄生虫が注目され、話題となっている。寄生虫にはいろいろあるが、その内の条虫（サナダムシ）と吸虫（ジストマ）が扁形動物に分類される。そして扁形動物にはこれら二つとは異なり、他の動物に寄生するのではなく、自分でエサを取って生きているグループがいる。これが渦虫類である。プラナリアという言葉は、最も広くはこの渦虫類全般をさして使われることがある。

次に、やや狭い意味でプラナリアと言った場合は、渦虫の中でも一センチメートル弱よりも大きく、肉眼で特徴を見分けられる虫たちをさすことが多い。これは海にも川にも陸上にもいる。もっと狭い意味となると、その中でも川や湖や地下水、すなわち淡水に住むもの（そしてある程度の大きさの虫）に限定されて用いられる。まえがきで私が言ったプラナリアは、この意味である。そして、最も狭い意味では、この「前半」の部分の、冒頭の一つを除いて、前段までに出てきた「プラナリア」であって、これは、わが国に最も普通の種、ナミウズムシ（*Dugesia japonica* ICHIKAWA et KAWAKATSU, 1964）のことである。

文献集め

さて、論文というものはそれぞれの章の終わりの部分又は巻末に、引用もしくは参考にした文献を列挙することになっている。前述の杉野博士の論文には、プラナリアの分類学の第一人者、川勝正治博士（藤女子短期大学教授（当時））による註とあとがきがついていて、それらについても参照すべき文献が紹介されている。

このように一つの論文から過去へ遡って、連鎖的にたくさんの情報源をたどることができる。つまり、ある雑誌の何年の何月号の何ページに、誰の書いた論文が掲載されているかがわかる。あるいは、どこから出版されたどんなタイトルの専門書があるかがわかるのである。

当時、神田神保町の古書店街に、長門屋さんというバックナンバー（雑誌の古本）の専門店があった。私はその店に何度も足を運んで、「採集と飼育」「遺伝」（裳華房）その他、プラナリアに関する記事や論文の載っている本を探し出して購入した。その時に、おそらく文献の一覧表から抜き書きしたリストのようなものを持って行ったのだろう。川勝博士がナミウズムシについて詳細に記述しておられる論文「ナミウズムシの話」が掲載された雑誌を、狙い撃ちで見つけ出して買った。それは、「遺伝」のその年の四年前の、第19巻

10号（一九六五年）であった。

怠慢な生徒でした

学校のクラブ活動といえば、文化祭が研究発表の場となっている。私も白い大きな模造紙に、フェルトペンで何やらたくさん書いた覚えがある。プラナリアを切ったり裂いたりして、再生の様子を見るだけなら、そんなに日にちはかからない。そんな簡単な観察記録や、いくつかの文献からの引き写しで、一応の格好をつけたのだった。とにかく、改めて思い起こしてみると、その当時、プラナリアをうまく飼育できていたのかどうかはあやしいものである。水槽に入れて放っておいたら、完全に「くずれて」しまい、水面にアオコのようなものが浮いていたこともあった。それを顕微鏡で見てみると、イタチムシという微細な動物がいたことが鮮明に思い出される。

その他の普通種

確か修学旅行は、まだ二年生の内に京都と奈良へ行ったのだと思う。京都大原三千院の近くの渓流で、ミヤマウズムシという種を、普通種ではあったが、初めて見つけてうれしかったのを覚えている。

三年生になると、受験勉強に専念したのかというと、そうではなかった。川勝博士の数々の論文、特に日本のプラナリアのそれまでに知られていた全部の種を図入りで解説したものを見て、私も分類学のまねごとをしたいと思い始めていた。その年の夏休みには、今は亡き一番上の兄と、父の実家のある栃木県へ行き、塩原のあたりでカズメウズムシ(体の前端近くのへりにたくさんの小眼があるのでこう呼ばれる)という種を見て感激した(これも普通種であるが)。それから、九月十五日の敬老の日には、夜行列車で八ヶ岳の山梨県側の麓へ行ったりもした。この時は未明にはもう寒かったのを覚えている。なぜ八ヶ岳かというと、川勝博士がかつて「吸盤」のある非常に稀な種を採集した、と報告されていたからである。が、もちろん見つけられるわけがなかった。こんなことをしていて、受験のために問題集に取り組むというようなことはあまりしなかったのだが、運よく大学に合格できた。

動物学専攻？

大学では動物学専攻だった。同じ学年の植物学専攻の女子大生で、高校時代にプラナリアの実験をしたことがあり、「プラナリアがかわいい」と語る子がいた。その子とプラナリアをタテヨコいろいろに切って遊んだ覚えはあるが、何かしら記録しておいたかどうかも定かではない。肝腎の虫も、どこから捕って来たのか覚えていない。ただ、その子と一緒に植物採集に行った場所の地名は、今でも何か所か覚えている。神奈川県の奥湯河原とか、静岡県の小笠山とか。

植物学専攻の同じ学年に一人、ものすごくエネルギッシュな学生がいて、彼がシダ植物の研究に熱意を燃やしているのにつられて、私もこの類に、その中でも特に自然に生じた雑種と推定されるものが多数見られるイノデというグループに興味を持った。まず、十数種あるこのグループの内、東京近郊に見られる九種の胞子、それに富士山の麓で採った山地性の二種の胞子を播いた。前葉体が生えてきたら、三つ以上の種の前葉体を同種のもの同士は隣接しないように並べて植えて、雑種ができないかなどということを始めてしまった。実は、これは、一応の結果が判明するのに最短でも五年間はかかるのであるが、最初からそのことがわかっているはずはなかった。

植物学専攻の大学院の博士コースに、植物分類学の分野で卓越した実力のある方がおられて、その方にいろいろ教えていただく機会に恵れ、私はかなりシダ植物にのめり込んでしまった。

フィールドは菅平

といっても、やはり専攻は動物学であるから、一年の時の長野県菅平にある大学の実験所における野外学習では、プラナリアの採集を自由研究にした。二年の夏休みには、助教授の先生が何から何までお膳立てして下さって、同級生と四人で、菅平のプラナリア三種、これまで本書に出てきたナミウズムシ・ミヤマウズムシ・カズメウズムシの分布調査とおぼしきことを行なった。

卒業研究は無論のこと、プラナリアである。それも、最も広い意味でいうところのプラナリアである。またまた菅平で、何か所もある湧き水の底をさらって、泥や落ち葉やコケを実験所に持ち帰り、這い出てくる虫を一〜二ミリメートル位の微小なものも残らず捕って顕微鏡で調べた。そしてそれらが従来、日本で記録されている渦虫類のどれと同じか、あるいは、外国では記録されていてもわが国では未記録かということなどを、できる限り追究してみたつもりである。また、やや狭い意味でのプラナリア、すなわち長さ数センチメートル～十数センチメートルもある渦虫類では、交接器官の形が分類の決め手となる。だからそれを調べるために、虫の体をごく薄くスライスし、色素で染めて、顕微鏡で見るための標本（プレパラート）を作ることも一生懸命した。その中には水生のものだけでなく、陸生のコウガイビルの仲間も、記憶に間違いなければ、二匹あったと思う。

ふり返ってみると、大学時代の私は、プラナリアの分類学を志していながら、多くの種の見られる北海道には行かず、分布の限られているシダ植物を目当てに九州に行っている。一体、何をしていたのだろう。だが、人生には、こういうことは「よくあることさ」ではある。

一応、就職しました

大学を卒業してからは、小規模な食品関係の株式会社に勤めて、成分分析や細菌検査をしていた。大腸菌群が出てしまった場合、六種類の培地を使って菌種を調べるという手順を踏むが、この操作はかなり興味深く、機会があればまたしてみたいと思う。

ここで話が脱線するが、鈴木和雄博士（徳島大学教授（悲しいことに、本書校正中の二〇〇四年九月に逝去された））の著書、『日本のイカリソウ　—起源と種分化—』自然史双書3（八坂書房　一九九〇年）の、21ページの上から五行目に出てくる「秋本君」とは私のことである。

この年（一九七五年）の夏、四国のイカリソウを調査して廻る鈴木氏に同行したのは、楽しい思い出である。せっかく来たのだからと、バイカイカリソウを一株持ち帰って鉢植えにしたが、数年の内に枯らしてしまった。

話を戻すと、入社してから一年もしない内に、次第に勤務の内容にイヤ気がさして来た。それは、「企業は、いろいろと感心しないことを、消費者にはひた隠しにして儲けている。その中から給料を分配してもらっている私は、結局同罪ではないか」という思いが日増しに強くなってきたからである。そして、一年ちょっとで辞表を出してしまった。

キランソウ属の交配実験

その後は、園芸関係のアルバイトをしながら、まえがきにも名を挙げたヤエヤマジュウニヒトエの近縁種の野草を採って来て、自宅で異種間の交配を多くの組み合わせで行なってみた。

これらは、シソ科のキランソウ属（*Ajuga*）に属し、わが国には一三種が知られている。そして、自然に生じた雑種と推定されるものも二つ報告されている。独立種の内の一つは、小笠原諸島の特産で、私は写真と標本しか見たことがない。が、残りの一二種と一つの間種については一応、実物を知ることができた。

まず一九七六年には、近郊の丘陵地や夜行日帰り程度の行程で山地へ採集に行き、翌年の春には日本列島の南西の島々にしか生えていない種を目的に出かけたのであった。

今にして思えば、痛恨の極みではあるけれども、一九七七年に沖縄に行った時は、プラナリアが生息しているような流れには全然近づかなかった。新しい興味の対象に夢中になっていたのだろうか。それに、ハブが怖いということもあった。

さて、実際にオシベの除去やメシベに受粉させることはかなり容易で、雑種は予想通り作れたから、世界中でおそらく私しか見たことがない花がたくさん咲いた。さらに進んで、雑種によっては低いながらも稔性があって二代目を生じることもわかった。しかし、「それにどんな価値があるのか」と聞かれれば、「別にない」というしかない。

ヤエヤマジュウニヒトエの特性

ただ、なぜ私は、ことさらヤエヤマジュウニヒトエという種名を挙げたか。この野草は穂状に多数咲く花も七ミリメートル程度と小ぶりで、あまり見どころのない植物である。しかし、一つだけすばらしい特長がある。それは、「一世代」の短かさである。

一九八〇年代から現在に至るまで、東京都内にあるわが家の二階の窓際の日当りのよい場所で栽培している。このような環境で育てると、初夏から秋までの気温の高い時期には、タネを播いて芽が出て葉が広がって花が咲いて（普通は自花受粉して）、次の世代の種子が熟するまで四か月はかからないのである。それゆえ、温室のような施設で栽培すれば、一年に三世代以上も経過させることが可能なはずである。そして、まえがきに書いたように、本種は多年草である。これは、さまざまな実験に好適な特性であろう。ただし、草の全体の大きさは、植え付ける土の量によって大幅に変化する。それから、あまり暑すぎると、種子が実らなくなることがある。

広がる趣味

植物の栽培は、いつ開花するか、いつ種子が熟するか、また、いつ芽が出るか、水や肥料は不足していないか、さらには悪い虫はつかないか、カビが生えはしないか、などと、いつも気を配っていなければならない。とはいっても、たとえば農薬散布のように、何かを徹底的にする必要があって忙しい時もあれば、ただ待つだけで長い時間が空くこともある。その内にペース配分がわかってきた私は、ハーフサイズのカメラを持ってあちこち写しに出かけた。東京二三区の三つの区の境が一点に集まっているところを撮影したり、各地の神社の祭礼で演じられる里神楽を撮ったりもした。

「ユニット折り紙」で「くす玉」を、初めて作ったのもこの頃である。この「くす玉」に関しては、約二十五年後の最近になって新たな展開があったが、それは本書では省略する。

消し印収集

それから、郵便の消し印を集めることも始めた。「青春18きっぷ」を使って、東海道本線の夜行列車で浜松まで行ってただちにとって返し、次から次へと途中下車をしては駅前のポストに自分あての郵便物を投函して帰って来たのは、疲れたけれども面白かった。

珍しい例を挙げてみよう。かなり後の一九九〇～一九九四年にかけての話である。横浜市内のある郵便局は、その局の存する地域に設定された郵便番号が二回も変更された。するとどうなるか。その郵便局の国際郵便用の二種類の消し印は、ある日を境に印影の一部としてはいっている郵便番号の数字が変わり、その四年後にもう一回変わったのである。こうして発生した、局名は同じで三通りの異なる郵便番号の数字の消し印を集めるために、その郵便局に三度行ったりもした。

私の消し印の収集を総括すれば、赤茶色のインクで押される記念スタンプを除いて、他のほとんどの消し印の印影が簡素なものに変えられ、インクの色も変更される大きな変化の時期に遭遇したため、かなり興味深いコレクションができたと思う。

電子楽器と金属回収

その他に、なぜか電子楽器の製作にも挑戦してみた。その当時、もう時代遅れになりつつあったアナログシンセサイザーの、それぞれの機能の部分を作ってみようとしたのだった。これは、一言で自己評価すれば、失敗だった。特に難しいのがＶＣＦ（電圧制御フィルタ：音に含まれる倍音の割合を時間的に変化させる回路）で、製作者の期待したように動作するものは作れなかった。エレクトロニクス工作は、回路図どおりに、ＩＣその他さまざまな部品を揃えて組み立てる。それらのパーツは、新品を買ったものも多いが、受動部品をはじめ個別のトランジスタなどかなりの割合のものを、私は、近所の電器屋さんからもらった壊れたテレビから取りはずしたものを用いた。細かいことをいえば、「足」の数の多いＩＣの場合、ハンダ付けしてある部分を全部溶かして吸い取って、それから目的の部品をはずすのはかなり面倒である。が、汎用ディジタルＩＣなどでは、そのような中古品を使ったこともある。

テレビを分解すれば、くず鉄、アルミ板、エナメル線などが出てくる。それをためておいて、業者さんに買い取ってもらった。

話のついでにいえば、同じ頃にアルミ缶拾いもした。初めは一個二円だったものが、二個三円、一個一円と徐々に値が下がっていった。たくさん集まれば集まるほど、キロ当りの買い取り価格が低下する。世の中には「矛盾」がどこにでもある。

隠遁生活三十年?

それはさておき、年月のたつうちに、メダカ、ミジンコ、ボウフラの飼育等々にも、私は手を広げた。特にボウフラについては、ボウフラを食うボウフラを育てることには、かなり熱意を持ってあたった。こうして「頻繁に出かける『ひきこもり』」の状態で、毎日を送っていた。多彩な趣味的研究にいそしむとともに、いろいろなことを題材にした文章を書いては新聞に投書したり、「お下劣な」ネタの話をラジオに投稿したりして多忙な日々ではあった。

しかし、この間にも、プラナリアを完全に忘れたわけではなかった。出かけた先にプラナリアのいそうな渓流や湧き水があれば、石や水底の落ち葉をひっくり返して見てみた。生息していることがわかれば、持ち歩いている二万五千分の一の地形図に簡単な書き込みをしておいた。また、高校時代に訪れた、国立市内の神社と八王子市内の寺院には、たとえば自分にあてた郵便物を出しに行った際などに、立ち寄ってみたのだろう。この二か所にはもはやナミウズムシは見られない、という寂しい現実はわかっていた。

『切っても切ってもプラナリア』という本

『切っても切ってもプラナリア　―科学であそぼう4―』文：阿形清和　絵：土橋とし子（岩波書店）という本は、第一刷発行が一九九六年十二月十日とある。だから、その直後の新聞広告で、こういう書物が出版されたことを知ったはずである。が、実際に手に取って見たのは、近くの区立図書館が購入してからであるから、刊行後数か月が過ぎていたのだろう。

読んでみると、子供にもわかりやすく、ということは誰にもわかりやすく、どこの家庭にもあるものを使って、プラナリアの再生の実験が行なえるように解説されており、さらに研究に対する心構えが自然に身につき、生物学のエッセンスまでも感じとれる良書であった。中でも印象に残ったのは、姫路工業大学の渡辺憲二博士が、岐阜県の入間川から捕ってきた、ただ一匹のプラナリアを、何十万匹にまで殖やし、ＧＩ系統と名付けて、引き続き維持されている、という一節だった。

ボウフラを食うボウフラ

だが一九九六年、九七年には、前に少し触れたように、私はボウフラを食うボウフラの飼育を、かなり熱心にしていた。これは、トワダオオカ（*Toxorhynchites towadensis* (MATSUMURA, 1916)）という、その名のとおりの大きな蚊である（学名を命名した人の名字が括弧に入れてあるのは意味があり、もともとの名が付けられた時とは、属する「属」が変更されていることを示している）。本種は体長が二センチメートル位に達し、前脚の先から後脚の先まで、大げさにいったら四センチメートルもあろうか。背中が金粉と青や緑に光る粉末の「蒔き絵」のような美しい蚊である。こんな巨大な蚊が血を吸いに来たらコワイが、幸いなことにオオカは花の蜜などを吸い、吸血はしない。その幼虫は、他の種の蚊のボウフラやユスリカの類の幼虫をエサにして二センチメートルほどに育ち、赤黒い惚れ惚れするような、デッカいボウフラである。いわば、人間にとってみれば、大変な益虫である。そこで、私はこのオオカを殖やしてみようとしたわけである。

実際は、話がやや前後しており、まず初めは一九九四年頃、バケツに土と水を入れた中でイネを栽培していたところに勝手に「わいてくる」ボウフラを、駒込ピペットで吸い取ってメダカに与えていたのである。そうしている内に、ボウフラについてもっと知りたくなった時、幸運にも近くの病院の内科のお医者さんが蚊に詳しい方で、いろいろ教えていただくことができた。それと『蚊（カ）の話　―よみもの昆虫記―』栗原毅・著（図鑑の北隆館　一九七五年）という本も読み、トワダオオカというものがわが国に生息していることを知ったわけである。

ボウフラ掬い

さらに、なんという偶然であろう。一九九五年九月十日に、東京都と神奈川県の境のあたりの低山地で、そのボウフラを見つけてしまったのである。が、その日は採集の用具を持っておらず、「指をくわえて」見ていただけだった。

翌日は多くの衣類の洗濯をしたので外出できず、その次の日にメダカを扱う小型の網を持って現地に向かった。トワダオオカの発生源の人工容器が視界に入ったところで急に

「抜き足差し足」に変えて静かに近寄り、電光石火の早わざで網を水中に突っ込み、巨大なボウフラを掬って捕った。こうしないと、振動と光に敏感なこの幼虫は、ものすごい早さで深く潜ってしまい、その後はなかなか浮かび上がって来ないのである。

ボウフラ捕りの楽しさに目覚めてしまった私は、氷が張っている冬の時期以外は、頻繁に野外に出かけた。そして、一年ほどの間に、トワダオオカだけでなく他の数種の蚊のボウフラが、どんな環境のどのような発生源にどのくらいの量出現するか、大体の傾向を把握したのだった。

特に楽しかったのが、一九九五年の十二月に、東京の多摩丘陵の雑木林に不法投棄されていた洗濯機を立てて来たことである。その内に中に水がたまり、翌年の夏以降は安定的にトワダオオカが発生するようになった。ところが、おそらく地元の人の手によってであろう、二〇〇〇年頃に横倒しにされてしまった。蚊といっても人の血を吸うものばかりではないのだから、大らかな気持ちでいてもらいたいものだ、と思った。

トワダオオカの産卵

一九九七年の春に、後にも先にもこれ一回限りであったが、トワダオオカの卵を得ることができた。プラスチック製の衣裳箱で飼育していた成虫七匹ほどの内の一匹の雌が、四月十一日の晩に、約六〇個産卵した。まだ羽化前の蛹を入れた小型の容器の中の水の表面に、ケシの種子のようなものが多数浮いていて、一瞬これが何かわからなかったが、直後に理解した。フィルムの入っていたプラスチック製の容器がたくさんあったので、念のため水洗いしてから塩素を抜いた水道水を少量入れ、一つの容器に一個ずつ浮かべておいた。この時に知ったことは、少し鼻息が荒かったりすると、トワダオオカの卵は吹き飛んでしまうということで、扱う時にはしばらく呼吸を止めるようにした。とにかく世の中には、いろいろと注意の必要なことがあるものである。

ボウフラを食うボウフラを何十匹も育てるとなると、エサをどう確保するかが大変なことのようだが、この時はそれほどでもなかったと記憶している。運のよいことにバケツでイネを栽培しているところへ、アカイエカが次々と卵塊を産んでいってくれた。ミズニラという水生のシダ植物を、バケツの水の中に鉢ごと沈めて栽培している中に、ユスリカの類が卵塊を産みつけてくれた。それで、孵化直後のトワダオオカの小さいボウフラたちに、ちょうどよい大きさのエサを与えることができた。それから成長するに従って、手頃な大きさのボウフラとユスリカの類の幼虫を、こっちの神社あっちの墓地とローテーションを組んで訪れては、捕って来て与えた。これらの虫が発生するようなたまり水では、ユスリカの類の卵塊を見つけることもあり、当然それも割り箸でつまんで取った。そういえば、トワダオオカの幼虫で、一匹だけ二齢から三齢へと脱皮した時に体長が異常に短かいボウフラがいた。そこで、その個体にだけユスリカの類の幼虫の孵化直後のものをふんだんに与えたら、もう一度脱皮して四齢になった際には、正常な大きさ及び体長と体幅の比率になった例があった。

前述したとおり、トワダオオカの四齢(終齢)幼虫は巨大であるから、その大きさに成長するまでにはかなりの日数を要するのかと思っていた。ところがそうでもなく、卵が産み落とされて三~四日で孵化し、それからボウフラ等を食べてみるみる成長し、大体二十日で蛹化を迎えるのだった。蛹でいる期間は四~五日で、その後成虫が羽化してくる。それでこの年(一九九七年)の五月中旬には、衣裳箱の中を五〇匹のトワダオオカが飛び交い、独特の羽音が響きわたったのだが、残念なことに彼らの次の世代となるべき卵は得られず、その月の末までには成虫はみな死んでしまった。文献によればもっと長く生きるということなので、私の飼育法が悪かったのである。

オオカの人工増殖は既に成功していた

ところで、その文献であるが、わが家で卵から育ったトワダオオカの成虫が死に絶えた少し後に、ある人が「インセクタリゥムという雑誌でオオカのことを読んだ」と教えてくれた。そこで上野動物園へ行って、「インセクタリゥム」の古いものを見たら、その年より十一年も前、一九八六年の「インセクタリゥム」第23巻の2号の36～41ページに、産業医科大学の堀尾政博・塚本増久両博士の論文が載っていた。お二人はその前年（一九八五年）までには、わが国に産するすべてのオオカ（三種、その内一種は二つの亜種に分けられる）の人工増殖を実用化されていたのだった。私は全然知らなかった。

一般的にいって、蚊の成虫の飼育は難しい。私はそのことを、「結婚式場が狭いと結婚しない」と表現している。一九九七年の春にトワダオオカの卵が得られたのは、まったく幸運だったのだ。それでも、堀尾・塚本両博士の論文を参考にしながらも、「自宅でできるトワダオオカの養殖」をめざして、幼虫の採集と飼育を続けた。

二十四節気は昆虫の暦

八月の七日か八日頃に二十四節気の「立秋」があり、「暦の上では秋だ」などというのは気が早い、と以前は思っていた。が、トワダオオカを見ていると、確かに虫たちにとっては、もう冬越しの準備を始める季節、いわば「秋」になったといえるようである。例外はあるものの、この頃より後に四齢になった個体はそのまま越冬することが多い。蛹化するのは翌年の立春ではなく、春分を少し過ぎた頃である。

一九九七年の秋に、私は、雌の蚊に思う存分血を吸わせて小さなビンに捕獲し、それから数日間は砂糖水を飲み放題にさせて、卵を産ませることを始めた。ヒトスジシマカという種の場合、大体において、秋分より後に産みつけられた卵は、翌年の四月頃に孵化する。そこで、来年のトワダオオカの幼虫のエサを用意しておこうということで、蚊に「献血」したわけである。しかし、このような努力も空しく、トワダオオカの増殖には未だに成功していない。発生源を知っているので毎年幼虫を採集できるのだが、うまくいかない。

蚊の蛹の肌着？

ところで、蚊の蛹は雌雄がわかるのである。蛹のしっぽの「ヒレ」の「また」のところにある生殖器嚢というものの形が、雌雄で異なるからである。これはやや作り話めくが、トワダオオカの場合、「アソコ」の部分がフンドシを締めているような形のものが雄、ブルマーを穿いているような形のものが雌である。ある時は、捕って来た数匹の幼虫が蛹化したら、全部雌だったということもあった。ここ四、五年を反省してみると、蛹化しても死なせたり（特に暑い季節に）、羽化する時に脚や翅がうまく伸ばせなかったりというような失敗が多い。どうも初めの頃のような丁寧さがなくなっているように思う。

テントウムシの代用食

余談だが、一九九八年には、トワダオオカがいないのに、エサのボウフラを卵から「生産」しすぎた、という事態も起きた。そこで試しに、自然状態ではアブラムシ（アリマキ）を食べるテントウムシ類にボウフラを与えて、代用食になるかを調べてみた。テントウムシ（これが正式の名前（標準和名）の種）の成虫は、幼虫もだが、ヒトスジシマカのボウフラをそのまま食べた。しかるに、ヒメカメノコテントウとダンダラテントウの成虫はそのままでは食べない。少し工夫して、釣りの練りエサに混ぜて使う「サナギ粉」（正確に何であるかは知らない。カイコのサナギを粉にしたものか。ハチのサナギの粉末か）をボウフラにふりかけてみると、食べた。ところがナナホシテントウはこれでも食べない。ボウフラに、アブラムシをつぶして出る汁をかければ食べるのだ。そこで思いついて、ボウフラに砂糖をまぶしてみたら、見事に食べた。しかし、テントウムシとナナホシテントウの二種の成虫については、かなりの日数を代用食のボウフラで飼ってみたが、何かの栄養素が足りないらしく、ほとんど産卵しなかった。もちろん、私が仲人となり、「両性の完全な合意」はしかと見とどけた上での実験である。

本節に記したことはちょっとした遊びにすぎないが、何かの研究のヒントになり得るかもしれないので書いてみた。

ハーフタイム

素数の四人姉妹とそれらの「隔たり」

私は、素数についても調べている。

2以上の整数で、1とその数とでしか割り切れないのが素数である。素数は、2、3、5、7、11、13、17、19、23、29、31、…、83、89、97、101、103、107、109、113、127、131、…、173、179、181、191、193、197、199、211、223、227、………、797、809、811、821、823、827、829、839、853、857、………、と続く。

これらの素数の例の挙げ方には、何かしら意図があることに、読者はお気づきであろう。つまり、11、13、17、19や、101、103、107、109のように、ある素数P（その下一桁は1に限る）があって、P＋2、P＋6、P＋8の三つの数もすべて素数であるものを見つけやすいように並べてあるのである。

私はこのような四つの素数の組、別の言い方をすれば、下一桁が1、3、7、9で上の方の桁の数字がすべて同じの二組の双子素数たちを、素数の四人姉妹と名づけたい。そして、本章では今後、この素数の四人姉妹をその中の一番小さい数で代表させ、傍点を付けて書くことにする。11、13、17、19ならば11、821、823、827、829ならば821のように。

さらに、11と101、101と191のように、小さい方の素数の四人姉妹の四つの数にそれぞれ90

を足すと、大きい方の素数の四人姉妹の四つの数に等しくなる時、11と101の「隔たり」は90である、ということにする。101と191の「隔たり」も90である。191と821ならば、「隔たり」は630である。

ここで素数の四人姉妹を小さい方から二〇組挙げてみよう（ここでは傍点は省く）。

11
101
191
821
1481
1871
2081
3251
3461
5651
9431
13001
15641
15731
16061
18041
18911
19421
21011
22271

これを見ると、三番目の「隔たり」が90である二組の素数の四人姉妹たちに気づく。それは15641と15731である。では、こういう八個の素数のまとまりはもうないのだろうか？　そんなことは全然ないどころか、おそらく「隔たり」が90の素数の四人姉妹たちは、無限にあるのであろう。

七桁の数

ところで、15641と15731の「次」の、「隔たり」が90の素数の四人姉妹たちの例は、一体いくつであろうか？　答えは3512981と3513071である。しかし、本題はこちらではない。

この、3512981と3513071を探す途中で、意外な事実が判明した。1006301と、なんと「隔たり」が30しかない1006331という二組の素数の四人姉妹があるのだ。素数はだんだんまばらになると思われるのに、1000000を越えたところで最初の例が出てくるとは、まったく驚きである。さらに、3512981よりも数の小さいところで2594951と2594981という、「隔たり」が30の素数の四人姉妹たちの第二の例が見いだされた。

終わりはない

ここでまた、新しい書き方と表現を考案することにする。1006301と1006331のように「隔たり」が30の二組の素数の四人姉妹をひとまとめにして、～1006301～と表わすことにしようと思う。そして、~1006301~と~2594951~の「遠さ」は1588650である、ということにしよう。

「隔たり」が30である二組の素数の四人姉妹は、前述の二例で終わりかというと、これもどうやら無限にあるとしか思えない。

ここで私が現在まで九年間かけて見いだした、この多少信じ難いように密集している八つの素数たちの例を、わかっている限り書いてみよう。

～1006301～

～2594951～

～3919211～

～9600551～

～10531061～

～108816311～

～131445701～

～152370731～

～157131641～

～179028761～

～211950251～

～255352211～

～267587861～

～557458631～

～685124351～

～724491371～

～821357651～

～871411361～

～1030262081～

～1103104361～

～1282160021～

～1381201271～

～1427698631～

～5797952981～
～5974467011～
～6535814861～
～6650694101～
～6697423091～
～7036740671～
～7384583411～
～7503957281～
～7561533401～
～7588230701～
～7610843291～
～7806668291～
～7814593901～

～1432379951～
～1443994001～
～1596721331～
～1948760081～
～2267091941～
～2473387121～
～2473836941～
～2574797801～
～2768715371～
～2838526511～
～3443520131～
～3501128171～
～4111954961～
～4184384591～
～4212028361～
～4261365341～
～4334286161～
～4733406281～
～4967697401～
～5008732871～
～5018508791～
～5074178531～
～5742636041～

くどいようだが、

〜7814593901〜
とは、

7814593901
7814593903
7814593907
7814593909
7814593931
7814593933
7814593937
7814593939

の八つの数がすべて素数であることを意味する。

「隔たり」が30の素数の四人姉妹たちがたくさん並んだようだが、数えてみればたった五九例しかない。ものの本によると、10の14乗（1の後に0が14個＝百兆）まで双子素数を調べた人がいるということである。単純に考えても、その人は五九の数千倍の、「隔たり」が30の素数の四人姉妹たちを見つけたはずである。

「隔たり」が30の素数の四人姉妹たちの、最も小さい例のあたりの、ごく一部を見てみよう。まず最初の例は 1000000 を越えたところで現れる。そして、四例目の 〜9600551〜 と五例目の 〜10531061〜 とは、桁数が7から8へと一つふえるのでわかりにくいが、「遠さ」が 930510と1000000より小さい。さらに二〇例以上先を見ると、

～2473387121～ と ～2473836941～ と、なんと「遠さ」がわずか 449820 しかない、「隔たり」が30の素数の四人姉妹が出てくる。素数というものは、数が多少大きくなったところで、人間には思いもよらない小さな差で接近している例の最初のものが出てくる。そういう傾向があるようだ。

また、5000000000 と 5100000000 の間には、「隔たり」が30の素数の四人姉妹たちが三グループあるかと思えば、次は「遠さ」が 6000000000 以上にもなるところまでないというように、素数というものは実に不規則なものである。

後半

二十五年後の復活

一九九九年の秋に、『切っても切ってもプラナリア』の著者の一人、阿形清和博士がラジオに出演してお話をされているのを、再放送を含めて二度聞いた。が、阿形博士が何を語られたのか、ほとんど覚えていない。私が勝手に話をこしらえてしまうと、作りが簡単そうなプラナリアにしてすでに、動物のからだの基本的な設計が確立している。だから、プラナリアの遺伝子を研究することで、ヒトにもヒトデにもイカにもショウジョウバエにも共通な原理がわかる、というようなことだったろうか。それとも、プラナリアには脳さえも再生する能力が具わっている。この強い再生力を解明すれば、最近脚光を浴びている再生医療の基礎を固めることになる、というような話だったろうか。

とにかく、この放送を聞いて、私の脳裏で眠っていたプラナリアに対する興味が復活のきざしを見せ始めた。そこでまず、高校と大学の時代に集めた文献を、押入れの奥から出して来て読み出した。そしてまたもや、杉野久雄博士の「プラナリアの採集・飼育・実験1・2」の内容に触発されるところがあった。

「型」と「系」

杉野博士は、九州北部産のナミウズムシを三十年以上にわたって飼育され、きわめて複雑な手術に成功された。その研究に使用された系統のプラナリアと外見的に似ている虫、また、それとは見た目が異なる虫を各地で採集され、前者を「九州型（平地型）」、後者を「渓流型」とする区別を提唱された。博士の表現をお借りすれば、「九州型（平地型）」は〝黒味がちで体がひらべったい感じの虫〟であり、〝背腹面共に黒味がちの濃茶褐色である〟。一方、「渓流型」は〝背面が茶褐色—灰褐色—緑茶褐色で、腹面は淡色で、白色に近いものもある〟という虫である。（〝　〟内は論文の227ページより抜き書きした。）

数々の文献によれば、ヨーロッパにも北アメリカにもわが国のナミウズムシと同属（*Dugesia*）で、それぞれの地域にそれぞれ異なる種のプラナリアが生息している。そして、どの地域の種でも同じように、一つの種の中に、生殖器官があって有性生殖をするものと生殖器官が形成されずもっぱら分裂によって増殖するものとがある。前者は「有性系」、後者は「無性系」と呼ばれている。わが国のナミウズムシにも同様に、「有性系」と「無性系」とが存在する。

これに対し、杉野博士のいわれる「九州型（平地型）」「渓流型」は、それとは異なる基準による分け方であった。論文中にも、ある生息地で採集した虫の中に混じっている有性個体が、外見上は「九州型（平地型）」に見える、というくだりがある。そしてまた、ある川に生息している虫は無性個体で、外見上別の産地の「渓流型」の有性個体とよく似ている、という一節もある。

移植実験

私などには「どうしてそのような実験を考えつくだろう」と思えるけれども、北アメリカ産の *Dugesia tigrina*（GIRARD, 1850）を材料にして「有性系」「無性系」のそれぞれを横に切り、「有性系」の頭部を含む前の半分と、「無性系」の尾部の後ろ半分をくっつける、という実験をした人がおられたのである。結果は、癒着した虫の「無性系」だった部分に精巣と交接器官が誘導された、ということである。わが国でもナミウズムシの「有性系」と「無性系」（この材料には、杉野博士の飼育されていた九州北部産の系統が用いられたという）とで追試した人がおり、同様の結果を報告されたのみならず、「有性系」の後ろ半分と「無性系」の前半分をくっつけるという逆の癒着も実験されて、「無性系」に精巣が誘導されるということを発表した。また、ヨーロッパでは、*Dugesia* の異なる二種をくっつけたり、同一種の内の別の「系統」のものを癒着させたりする実験を行なった研究者もいるという。

杉野博士が注目されたのは、そういった異種や別の「系統」の前半分と後ろ半分をつなぎ合わせた時、癒合線に「くびれ」ができたり「色素の沈着」が起きることであった。つまり、このような現象が起きるか否かが、実験に使った二つの「系統」の親疎を区別する基準になるのではないかということであった。

この考えに基づいて、杉野博士は提唱された「九州型（平地型）」と「渓流型」との間で「前後移植」の実験をされ、同じ型同士ではきれいにくっつき、違う型と型とでは癒合線に「くびれ」や「色素の沈着」が見られたことを示された。が、それ以後長期的にどうなるかについては、あまり詳しく書いておられない。ただ〝無性個体を前方片とし、有性個体を後方片として移植したばあい、そのまま放置すると、虫は成長してやがて尾部で分裂を生じ、しだいに癒合線から後部（もとの有性個体）が減少して、結局はもとの無性個体だけの完全な個体になってしまう〞（297ページ左）と述べておられる。

また杉野博士は、「九州型（平地型）」「渓流型」の虫をそれぞれ縦にまっ二つに切り、「左右移植」すなわちある型の左半分と、もう一つの型の右半分をくっつけるという実験も行なっている。この場合、型の違うものが癒着すると、大体において「九州型（平地型）」が「渓流型」を吸収してしまうということを示された。

原始的な免疫？

長々とプラナリアを用いた「移植実験」について書いたが、私はこれを二十数年ぶりに読んだ時、「これは、原始的な免疫ではないか」と思ったのである。臓器移植をしても、拒絶反応によって、期待されたような機能を果たさないばかりか時にはまた摘出しなければならなくなることもあるという、あの「自己と非自己の認識」の生物の進化の過程における「できかけの姿」が、プラナリアには見られるのではないか、などと想像をたくましくしたのであった。

といっても、自宅では精緻な実験や高度な研究はできっこない。が、ここで思い出されたのが、『切っても切ってもプラナリア』の中の一節、ただ一匹のプラナリアを何十万匹にも殖やした、渡辺博士のＧＩ系統のことである。免疫に関する研究には、複数の「型」なり別々の「系統」なりが必要となるであろう。ナミウズムシには、茶色や灰色や黒などいろいろな体色のものがいること、背中の側と腹側とで体色の濃さのかなり違うものとそれほど違わないものとあること、また、驚いて身を縮める時の収縮のスピードや体長の変化の度合いの大きさに差があることは、私も知っていた。そういう肉眼で見てもさまざまな差異のある虫たちのいくつかの「型」を、たった一匹から殖やしてＧＩ系統に匹敵するような「群れ」にできれば、大いに役に立つだろう、と夢のようなことを考えたのである。

採集は楽しいが

一九九九年十二月二十三日に、三十年前にも採集に出かけた、府中市内の「神格化されているような」小さな湧き水を再び訪れた。ナミウズムシは変わらずにそこにいた。喜んで一匹持ち帰った。それから一生懸命に思い出そうと努力したら、日野市内の京王線と中央線の中間あたりの、水量豊富な湧き水で、ナミウズムシを見たことが頭に浮かんできた。そこで、二万五千分の一の地形図の「武蔵府中」図幅を引っぱり出して見たら、日付けは書いてないが、確かに地図の内部の一点に赤丸をつけて、枠外に書いた*D. japonica*の文字から矢印が引いてあった。

この時思いついたのが、東京都内にある湧き水に関する文献が存在するだろうということである。そこで図書館に行って探したところ、『歩く　楽しむ　東京の自然水』早川光・著（社団法人　農山漁村文化協会　一九八八年）という本があった。これで、どこに湧き水があるか、どこそこ市の何々神社、何々公園かということがわかった。

その年の十二月二十九日に、日野市内の湧き水二か所でナミウズムシを採集した。一か所は前述の以前行ったことがある京王線と中央線の中ほどのところであり、もう一か所は中央線の北側であった。どちらも湧出量は多く、特に後者の流れにはナミウズムシはたくさんいた。二か所ともヒルがいたが、血を吸われはしなかった。ナミウズムシが多数いると、つい二〇〜三〇匹も捕ってしまうのであるが、これが後のことを考えない浅慮というものだと、すぐに思い知らされた。

見た目の違い

さて、これら三か所で捕ったナミウズムシを肉眼で見比べると、府中のものは茶色で背側と腹側の体色があまり違わず、肉厚の感じで体を敏感にまん丸く縮める虫だった。また、日野の二か所の湧き水で捕ったものの内、中央線の北側の湧き水で捕ったナミウズムシは府中のものと同じようだった。それに対して、日野のもう一か所、京王線と中央線の中ほどにある湧き水で捕った虫は黒っぽい色で、腹側は背側より色がうすく、肉が薄い感じで体を縮ませる様子も急激な動きではないように見える。

本書でここまでに二度引用した、杉野博士の論文には、結論として「九州型（平地型）」は「渓流型」よりも汚水に強い系統であろうと書かれている（実は、杉野博士は、もう一つ「河川型」という外見的な区別を提唱しておられるが、これについては詳しい描写はなく、「移植実験」も行なってはおられない）。私は何の根拠もなく、体色が茶色っぽくて肉厚な感じのものが「九州型（平地型）」で汚水に強く、体色が黒や灰色で平べったい感じのものが「渓流型」で汚水に弱いのだろうと思っていたが、そうではなかった。

飼育法の工夫?

捕って来たナミウズムシには、いくつかの文献にならって、鶏のレバーの細片を与え、食べ終わったら取り出して捨て、一度水を換え、しばらくして虫が未消化のものを吐き出したら（プラナリアは、「腸」が全身に行きわたっているがその終末は行き止まりで、逆行させるしかないのである）もう一回水を換える、という飼い方をした。だが、そういう簡単な作業で済む程、単純なことではないということが、一回目の給餌でわかった。虫が二〇〜三〇匹も一つの容器の中にいると、何匹かが未消化物を出したために水を換えると、今度は別の虫がまた吐き出すのである。また水を換えて、少し時間がたってから見てみると、また別の虫が吐き出している、ということの繰り返しであった。こうなると、塩素が抜けるように汲み置いておく水道水を多量に準備しなければならないのであった。これは大変だというので、何かナミウズムシの吐き出したものを掃除してくれるものはいないかと考え、思いついたのが釣りのエサのアカムシ（ユスリカの一種の幼虫）を入れることであった。

釣り具屋に行ったら、冬でもアカムシを売っていた。買って帰ってナミウズムシを飼育している水中に入れると、思ったとおり容器をきれいにしてくれる。これはよい、と思っていたら、今度はそのアカムシをナミウズムシが食べているのを目撃した。考えてみれば、当然といえた。ナミウズムシを採集する時に、小さい容器に取った少量の水の中に落とすと、冬から春にかけては、同じところに生息しているブユの類の幼虫もその中に落ちることがある。その際にナミウズムシがそのブユの類の幼虫に出くわすと、たちまち「絞め落とし」て食べてしまうのを見たことがあったからである。

ユスリカもブユも双翅目（ハエ目とも言う）に属する。さらに、蚊も双翅目の昆虫である。試しに、ナミウズムシを飼っている中に冬でもいるボウフラ、すなわちキンパラナガハシカ、フタクロホシチビカ、ハマダラナガスネカの三種の幼虫を入れてみた。すると、ボウフラたちは最初は普通に動いているが、その内ナミウズムシが動く際に出す粘液が体に少しずつ付着してきて動作が鈍くなる。そして遂にはナミウズムシに捕らえられて、食べられてしまうのであった。

ところで、ナミウズムシがアカムシを食べた場合も、後で未消化物を吐き出すことに変わりはない。それはどうなるかというと、不気味なことではあるが、仲間のアカムシが同類たちの変わり果てた姿の流動食のようなものを、きれいにしてしまうのである。もっとも、私が見つけ次第、駒込ピペットで吸い取って捨てることもしたが。また、アカムシの糞と食べられた後のカスは、少し位の量なら何日かそのまま放置しておいてもプラナリアの健康には何の悪影響もないようであった。以上のような観察に基づいて、エサに鶏のレバーを与えることはやめてしまった。

次に思ったのは、ナミウズムシも一緒に入れてあるアカムシも、何かを水中に排出しているはずだ、ということである。それを何とか処理する必要があるだろう。そこで、自然に浄化してくれる有用な微生物が殖えるようにと、活性炭を投入した。それから窒素化合物を吸収してくれるのではなかろうかと、水草のアナカリスを飼育水中に漂わせた。こうしたことが実際に効果をあげたかどうかはわからないが。

十五日目と四十五日目の危機

このように飼育法を次第に変えるのに要した日数は三週間位だったろうか。この間にナミウズムシの一部に変調が起きた。

日野市内の中央線の北側の湧き水で捕った虫は、汚水に強い型だろうと、何とはなしに思っていたら、捕って来て十五日目位から、多くの個体の頭が崩れだした。急いで井戸水を汲んで来て、水を何回も頻繁に換えてもダメで、回復しなかった。それで、この虫たちは元の流れに帰した。

話がそれるが、この湧き水には、「再生」の現象では扁形動物のプラナリアと並んで有名な、腔腸動物のヒドラも生息している。

健康を害したプラナリアを里帰りさせるより以前の、二〇〇〇年の一月六日に、小金井市内の神社の湧き水で、またもや浅はかにもナミウズムシを数十匹も捕ってしまった。この生息地の虫は茶色っぽい肉厚な感じのもので、「有性系」だった。そして、捕って来て十五日目前後の最初の危機は無事通過したのでよかったと思ったら、その約一か月後に頭の崩れる個体が出てきた。いわば、四十五日目の危機があったのだ。今度はこの虫は、元の流れには帰さず、プラナリアがいてもよさそうなのに見つからない国立市内の湧き水に持って行って放流した。彼らが定住できたかどうかは、その後訪れていないのでわからない。

一九九九年十二月に捕って来たナミウズムシの内、府中市内の湧き水のものと、日野市内の京王線と中央線の中間にある湧き水のものは、前記の「十五日目の危機」も「四十五日目の危機」も生き延びてくれたため、後の期待が持てた。

採集して来た虫の飼育と並行して、東京都内の湧き水の調査も続けた。昭島市内の神社、三鷹市内の公園、そして、稲城市内の神社にもナミウズムシはいた。これまでの行動を反省し、一か所では一匹、たくさん生息していて見た目の異なる「型」が混じっていても五匹までしか捕らないことにした。それでも採集地の違う「ストック」がふえると、飼う手間も増して忙しくなった。

運命的な出合い

そんな中、二〇〇〇年二月八日に、世田谷区内の公園の湧き水を見に行った。そこは塩ビ管が設置され人工的に改修された、湧出量もわずかなもので、「こんな所にはプラナリアはいないだろう」と思いつつ底の落ち葉を拾ってひっくり返したら、小さいプラナリアが二、三匹ついていた。「一見いなそうな所にも、いるものだ」と感心して採集し、別の落ち葉を調べた時、思わず「わあ、何だ、これ」と叫んでしまった。いろいろなプラナリアをかなり見慣れている私が驚くほどの、大形の虫がいたのである。その頃には一か所で五匹以内と決めていたにもかかわらず、なぜか、その湧き水では長い時間ねばって採集して、一〇匹持ち帰ってしまった。

このプラナリアは、捕った当初はナミウズムシだと思っていた。他の採集地のナミウズムシと同じ飼育法で、プラスチックの容器に汲み置きした水道水を入れ、直径数ミリメートルで長さ一センチメートル位の活性炭を底に散らばらせ、アナカリスを漂わせた中で、アカムシを与えて徐々に大きくすることができた。そうして手許に置いてよく観察してみると、このプラナリアはどうもナミウズムシではない、と思えてきた。

Dugesia では、体のへりの、前端から体の幅程度後ろの位置に、耳のように横に少し張

り出した「耳葉」と呼ばれる部分がある。ナミウズムシでは、耳葉の形は「鈍角三角形」が丸みを帯びたようなものであるのに対して、問題のプラナリアの耳葉は、鋭く尖っているような印象を受けるのである。この虫は、大きさも普通のナミウズムシよりもやや長く太く成長するように見えたし、いわくいい難いのであるが、背中にある眼の「目つき」も、何より虫の体の「質感」がナミウズムシとは何とはなしに違っていた。一体、このプラナリアは何なのであろう。

種名不明

私の財布の中には、二〇〇〇年三月十六日付の都立中央図書館の〈請求票〉(控)がある。館内貸し出ししてもらった本のタイトルは、『プラナリアの生物学―基礎と応用と実験―』手代木渉・編著(共立出版 一九八七年)である。

従来、わが国には *Dugesia* は二種、ナミウズムシと、伊豆半島のごく狭い地域からのみ報告されているイズウズムシが知られていた。その本の第二章〝種類と生態〟には、ナミウズムシが二亜種、基本の種のナミウズムシと、種子島以南の島々に産するリュウキュウナミウズムシとに分けられた、と記されていた。

だが、この三つ、つまりナミウズムシはいうに及ばず、その亜種のリュウキュウナミウズムシとも、今一種のイズウズムシとも、二〇〇〇年二月八日に東京世田谷区で捕ったプラナリアは異なっているようであった。というより、日本産の三つの *Dugesia* はどれも外見はよく似ていると解説されているので、見れば見る程相違点が目立ってくる問題のプラナリアは、これまで知られていた邦産のものとは思えないのであった。

たまたまこの本の13ページの脚注を見てみると、前に「有性系」と「無性系」をくっつける実験に最初に用いられたことで名前を挙げた、北アメリカ産の *D. tigrina* (GIRARD, 1850)(アメリカナミウズムシという呼び名がつけられている)が、わが国にまぎれ込んで来たことが最近発見された、とあるではないか。何の証拠もないけれども、どうやらこの *D. tigrina* (GIRARD, 1850) ではないかと思った。

そこで、このプラナリアのわが国における出現に関する報告はいつ何になされたか、章末の文献が列挙されている部分を見て、愕然とした。なんと、川勝正治・平井忠：遺伝、22(巻)、31(ページ)、(一九六八)とある。一九六八年といえば、私がプラナリアに興味を持ち始めた高校一年の、まさにその年ではないか。そして、その当時、文献を熱心に集めたはずなのに、まったく見逃していたとは。三十年以上もたってから、自分が「ぬけて」

いたことを思い知らされる、ということもあるものだ。

上の階の食堂で昼食にカレーライスを食べた後、この図書館の所蔵している雑誌を、目録で調べてみた。が、ここは、そう古くから「遺伝」を収集していなかった。三十年は長かった。もう、その本を探すのは難しくなってしまった。以前から何度も行ったことがあり、「遺伝」を購入していることがわかっていたある博物館では、古い雑誌は既に廃棄したということだった。最近はどこにバックナンバーの専門店があるのか、私は知らない。出版元の裳華房にも一応行ってみたが、もちろん、そんな古い号が残っているはずはなかった。国立国会図書館に行けば必ずあるのだが、あそこはなにしろ長い時間待たされるので敬遠してしまう。少し考え方を変えて、*D. tigrina*（GIRARD, 1850）に関しては、一八五〇年の最初の報告以来、多数の論文、専門書、さらには図鑑も北アメリカの国々で出版されたことだろう。けれども、私にはそれらを見る機会がない。

「T系」と命名

問題のプラナリアの正体については、そういうなんとも「雲をつかむような」状態である。しかし、とにかく、これからさらに私が実際にしてきたことを書くにあたって、この虫たちを「T系」と呼ぶことにする。東京の世田谷で見つけたのであるからTOKYOのTをとり、また*D. tigrina*（GIRARD, 1850）かもしれないのだから、*tigrina*のTともかけて、思いついた言い方である。

ところが、ここでもう一回愕然とさせられた。実は、四年間いろいろなことを試して、そのつど観察しながら、このT系を飼ってきたのだが、何かに書き記しておいたものが全然ないのだ。かなりの倍率で殖やして、現在も生かしていることはいるのだが、うろ覚えの記憶に頼って、行き当りばったりで運よくここまできたとしかいえない。それでもどのようなことがあったか、月日を追って書いてみよう。

プラナリアの産卵

T系は、捕って来てから四十五日以上の日数が経過しても健全で、二〇〇〇年の春の水ぬるむ頃、卵を産んだ。プラナリアの卵は、文献によれば、複合卵といい、一つの卵殻の内部に卵黄細胞が全体に詰まっていて、その中に複数個の卵細胞がある。私が目にしたのは、褐色の直径約二・五ミリメートルの球形のもので、細い糸のような柄があり、そのもう一方の端がアナカリスに付着していた。その葉をちぎって取り、別の容器の水中に入れておいた。

「文献によれば」と書いたが、その文献とは、『プラナリアの形態分化 ―基礎から応用まで―』手代木渉・渡辺憲二・編著（共立出版　一九九八年）である。この本に書かれてある、櫻井隆繁博士が、イズミオオウズムシという *Dugesia* とは科も異なるプラナリアの卵を、水温一四〜一五℃で飼育された記録（206〜207ページの表）によると、産卵後二十四日で孵化したとある。それに対しT系の卵殻は、その時の水温はわからないが、二十四日たっても何の変化もなかった。待つことさらに一週間、知らない間に殻にヒビが入って、体長五〜七ミリメートルの、体色はうすいけれども一人前のプラナリアの形をした子虫が、魔法のように次々と這い出してきた。T系の最初に捕って来た一〇匹の内、卵を産む程度の大きさにまで育っていたのは四匹だった。その中の三匹が産卵したのだろう。この年に得られた卵殻は三個で、それぞれの卵殻から四〜七匹の子虫が孵化してきて、合計一六〜一八匹のわが家生まれのT系の子供が出てきた。

彼らのエサは何も心配していなかった。ボウフラやユスリカの類の幼虫を食べることはわかっていたので、トワダオオカの時と同じく、これら双翅目の虫の卵塊から出てきた直後のものを与えて育てることができた。

ところで、話が少し脇道にそれるが、『プラナリアの形態分化』の第一章〃淡水生プラナリアの種類と分布・生態〃は、前に挙げた『プラナリアの生物学』の第二章に加筆したものである。それによると、後者の著書ではナミウズムシの亜種とされていたリュウキュウナミウズムシが、川勝博士その他二人の共著論文で別の新種（*Dugesia ryukyuensis* KAWAKATSU, 1986）とされた、とある。

一九七七年に私が沖縄に行った時に、この辺のことについて少しでも知っていたら、プラナリアを探すことを全然しなくはなかったろう、と悔しい気がした。

進化とは

T系の子虫は生きエサを食べて徐々に成長した。すると、中には二センチメートル位になった時点で分裂するものが現われた。それを観察した私は、次のように考えた。ある一匹の子虫に何か突然変異が生じていて、もしもその個体が自分の分裂した断片が再生した「分身」と有性生殖、つまりは自家受精をしたとしたら、その突然変異形質は四分の一の確率ですぐさま発現することになる。そして、自然淘汰されることになる。それは進化がスピードアップすることではないか、と。

改めて考えてみると、自然淘汰とはどういうことであろう。生存競争とは、親とそれらの産んだ子とが「骨肉の争い」をすることであり、子らの中に少数の生存に多少有利な突然変異体がいたとしても、「従来のまま」の多数派にとって代わるのはかなり困難であろう。

ここで、高校生の時から何度も読んだ論文の、それまで思いつかなかった新しい解釈が頭の中に湧いてきた。川勝博士の「ナミウズムシの話」（遺伝、第19巻、10号、31～37ページ（一九六五））の37ページの左側には、〃(ナミウズムシの）産卵を終った虫は、五月～六月頃急激に死亡率が高まるが、産地によってはあまり死亡しないものもあり、生き残った虫は生殖器官が退化して、やがて分裂を始める。夏季は、数回分裂を繰り返し無性的に増えるが、秋になると、再び生殖器官を生じる。産地によっては、夏、生殖器官が退化しても分裂しないものがある〃と書かれている。この、「産卵した後で死ぬ」ということは、前に私が書いた「骨肉の争い」を緩和することになりはしないだろうか。そして、それもまた、進化のスピードアップになるのではないかと想像したのであった。

T系の場合は、産卵しても全然死ぬことはない。水温が上昇すれば生殖器官は退化し、分裂をするようになる。ということは、「骨肉の争い」を避けないという戦略を選んだと考えてよいのかもしれないし、別の考え方をすれば、大きく変わったものの存在を許さない「安定指向」といえなくもない。

一方、わが国のナミウズムシを概観すると、有性生殖をする割合もその後の死亡率もさまざまであるということは、飛躍した言い方をすれば、「寿命」なる現象の原始的な姿と考えられないだろうか。とにかく、プラナリアは「死とは何か」を研究するにもよい材料だと思う。

北アメリカの *D. tigrina*（GIRARD, 1850）は、今から百年以上も前の一九〇二年に初めて「有性系」と「無性系」の区別が発見された種であるが、現在はどんな研究がなされているのだろうか。

手抜きがしたい

T系の子虫を飼育している水中には、ボウフラなどの生きて動き回るエサを入れたために、水の交換がしづらいということがあった。そのため、かなり「水あか」がたまったり

「藻《も》」がはえたりしても、生臭いにおいがしても、水を換えなかったのだが、小さい虫たちは平気だった。かなりサボっても大丈夫なので、「これは楽だ」と思った。では、「おとな」のT系の方はどうか、と試してみると、それほど頻繁に水を換えなくてもよかった。T系がそうならナミウズムシもと、こちらの種も飼育している水の交換の間隔を延ばしても、健康に悪影響はないようだった。

蚊の蛹がエサになる

さて、T系の子虫を育てている内に、私にとっては非常に重要なことを、偶然発見した。エサに与えておいたアカイエカのボウフラの中に、悪運強くも食われずに蛹になった個体が出現した。憎らしいので、狙いを定めてピンセットではさんで瀕死の重傷を負わせたら、底に沈んで動けなくなった蛹にプラナリアが「駆け寄って」きて中身を食べ始めるではないか。蛹の内部では、幼虫の組織が一旦「とろけて」、成虫に変わるらしいが、その段階のものはプラナリアにとって、大変食欲をそそる流動食であると見受けられた。これは、一度でわかったのではなく、蛹化した元ボウフラが出るたびに実験して、「間違いない」

と確信するに至ったのである。

避暑

そうこうしている内に、二〇〇〇年の夏が近づいて来た。一年中で最も気温が高いのは八月であるが（ごく最近はそうもいえず、気温の上昇が早まっているが）、太陽の光線のエネルギーが単位面積あたりで最も強いのは、当然夏至の前後である。室内に置いたプラナリアを飼育している容器に、西日が二〜三時間もあたると、水温がかなりあがる。ナミウズムシは、水温が大体三四℃になると、回復不可能な「熱中症？」となり、遂には完全に崩れてしまう。T系は、それよりも少し高い三六℃ほどまで耐えるようである。何にせよ、このまま暑くなる室内に置き続けるわけにはいかない。そこで、それまでよりも小さいプラスチック製の容器に入れ替えて、屋外の流しのコンクリート製の台の下に運び、狭いところに押し込んだ。この時まで飼育していたのは、T系と、その他にナミウズムシの、府中産のもの（一匹が分裂で五匹位になっていた）、昭島産のもの（五匹捕って来たのが分裂で一〇匹位に殖えていた）、三鷹産のもの（やはり五匹が分裂して一〇匹以上に増殖）

であった。

いくつかの文献に記されている飼育法には、プラナリアはかなり飢餓に耐えるので、夏期にはエサを与えない方が安全、とある。家の外に出したT系及びナミウズムシにはそのとおりに何も与えず、時々引っぱり出して様子を見るだけにした。うまい具合に、流し台の下はそれほど暑くならないようで、虫たちは普段通りに這い回ったり動かずに縮まったりしていた。

ここで、私はザンゲしなくてはいけない。この年の七月に、長野県内の湧き水から、コガタウズムシという種を捕って来た。プラスチック容器に水と例によって活性炭を入れた中で飼い、その全体を水を入れたバケツの中に浮かべ、フタをして屋外の日陰に置いた。このプラナリアが、ユスリカの類の幼虫を食べるのを確認した。しかし、暑さのために、ほんの三〜四日で消滅させてしまった。プラナリアの飼育には、夏の暑さへの対策が非常に重要なのだ、と痛切に思った。

九月になってから、まだ屋外に置いたままの虫たちに、ユスリカの類の幼虫を与えた。それより前から、水の交換を二〜三週間に一回していた。ナミウズムシの府中産のものは、エサもないのに夏の間にさらに細かく分裂して、一〇匹位のもっと小さい虫になっていた。

晩秋の変死

朝晩寒く感じる頃になって、プラナリアたちを少し大きめの容器に移し、室内にもどした。すると、どうしたことだろう。ナミウズムシたちが、体がこわばったようになったり、体色が白く濁ったようになったりして、一匹また一匹と減っていき、遂には全滅してしまった。その原因はわからない。記憶が定かでないが、T系の子虫が卵殻から出てきた時あたりから使い始めた、液体の塩素の中和剤の量が多すぎたのかもしれない。また、後にT系の飼育中にわかったことであるが、ペットボトルに長い間入れっ放しにしておいた水道水は、とっくに塩素は抜けているものの、プラナリアにとって有害な未知の成分が新たに生じていることがあるようだ。そういう水の中に入れると、プラナリアが苦しみだすので、すぐ水を換える必要がある。特に、ボトルの内壁に茶色の藻類？　が広い面積にわたって付着しているものは、要注意である。

二〇〇〇年から二〇〇一年にかけての冬に、T系の一部も、ナミウズムシと同じように体がこわばったようになったり、また、これはT系独特の症状らしいが、黒い小さな穴が多数あいたりして死んだ。この二種類の症状で死ぬものは、その後の三回の冬にも出た。これに対しては水を換えても効果はないようである。「低体温症？」かもしれない。

蚊の蛹はとてもよいエサ

二〇〇一年の、まだ蚊の蛹の得られない時期には、T系にアカムシを与えていたが、ボウフラの蛹化が始まると、蛹をピンセットでつついて即死させたものを与えた。T系の食べっぷりは目を見張るようで、蛹からしみ出た「におい？」を嗅ぎつけて集まり、たちまち中身を吸いつくしてしまう。そして、みるみる大きくなる。後に残った抜け殻（吸い殻？）は駒込ピペットで取り除くのだが、二つや三つ処分し忘れてもT系は平気だった。

しかし、何事にも限度がある。五〇〇ミリリットル程度の水の中にT系二〇匹以上を入れて飼っているところへ、彼らが食べきれない量の蚊の蛹（の新鮮な死体）を与え、食べ残しを片付けないで水が臭くなってもそのままにしておいたら、咽頭が背中側に突き抜けたようになったり、その部分が破裂したりして死んでしまった。それゆえ、エサの投入のしすぎに多少注意しながらも、連日蚊の蛹を与えて、楽しく飼育を続けた。

この年も卵から子虫が次々孵化したが、生まれた直後のものにも蚊の蛹は適したエサであった。それから、T系の内の一匹だけを別の容器に入れて、エサをふんだんに与えてみた。すると、栄養状態がよいからであろうか、分裂によって夏までには一〇匹以上に殖えた。実は、ちぎれた後方の切れはしが別の個体によって、共食いのエジキにされてしまうこともある。自分の断片ならば食わないかという問いに対しては、観察例は少ないが、何回か分裂を繰り返した後の「縁の遠く」なった者同士では共食いする、というのが答えである。

産卵と死

夏には、前年と同じように屋外の流し台の下に置いた。今回は、八月下旬頃から蚊の蛹のエサを与え、残りカスを駒込ピペットで吸い取るついでに、水を一部換えるようにしてみた。そうしていると、T系は秋にも産卵することがわかった。涼しい季節になってきて室内に取り込んだ時には、かなり多数の秋生まれの小さい虫を、大きさでより分けて飼育することになった。

冬も近づき、蚊の蛹が大量には手に入らなくなり（クシヒゲカの類は十二月でも一月でも蛹化する）、また、ユスリカの類の幼虫もたくさんは捕れなくなってT系の子虫たち全部にはいきわたらなくなった頃、そのエサ不足が原因ではないと思うが、子虫たちのかなりの部分が死んでしまった。T系はナミウズムシよりも水温の上昇には耐えるかわりに、低温には弱いようであり、それが原因かもしれない。あるいは他の原因で、冬に決まったように一部が死ぬのであろうか。現在のところわからない。

もう一回ナミウズムシを採集

ナミウズムシが一つもいないのは寂しいので、二〇〇一年十二月二十日に、また府中市内の湧き水から一匹捕って来た。なんとなく、この場所には思い入れがあるのである。いや、本当のことを書こう。この湧き水は競馬場の近くにあり、競艇場からもそう遠くはない。大人のレジャーに行った時、たまに立ち寄って、ナミウズムシの安否の確認をしているのである。

飼育は三年目に

二〇〇二年の春の時点で、T系の総数は八〇匹ほどになっていた（それから二年余りたった現在から見ると、この程度にしか殖やしていないのは、ヘタである）。この年は暖かかったので、例年よりも早くボウフラが捕れ始めた。前年に一匹だけ別にしたものから一〇匹以上に殖えた虫たちは、手の込んだ「自家受精」をして、卵を産んだ。それから子虫が生まれるか、少し疑問を持たないでもなかったが、普通に一個の卵殻から数匹ずつ這い出てきた。

T系に蚊の蛹を与える飼育法からの類推で、ナミウズムシにはユスリカの類の蛹をピンセットではさんで圧死させて与えてみると、これがうまくいった。食べた後のカスの掃除を手抜きしても大丈夫だった。しかし、蚊の蛹と違ってユスリカの類の蛹は、毎日必要な数を得るのが難しい。一方、蚊の場合は、ボウフラが捕れすぎて一日当りに必要な数より多く蛹が得られたこともあった。このような時に冷凍しておいたらどうだろうと思った。

ついでにいえば、釣り具屋で売っているアカムシは十一～十二月に蛹化することが多いが、それならたくさん買って、蛹になったら冷凍しておくということも考えられる。が、実行はしていない。

ナミウズムシは、二〇〇〇年の時と同じように、一匹だったものが分裂して、夏までに六匹になってくれた。『切っても切ってもプラナリア』という書名を前に紹介したが、この年にはT系の再生の実験をしてみた。一匹を七つに切ったのだが、その七つの断片の内の三つほどは切れ味の悪いカッターで「引きちぎられ」たために、傷口がふさがらず崩壊してしまった。そんなことがなければ、T系の再生力もナミウズムシに勝るとも劣らず旺盛に違いない。

ヒトもプラナリアも遠い祖先は同じ?

二〇〇二年の四月二十九日に日野市内の寺院にボウフラを捕りに出かけて、帰りの車中でお腹が痛くなってきた。下痢かと思ってトイレに駆け込んだがほとんど出ず、かえって激しく嘔吐してしまった。後でわかったのだが、これは食物アレルギーだった。昼食の、菓子パンに塗ってあったものと一〇〇%果汁の果物と、二種のアレルゲンをいっぺんに飲み込んでしまったために起きた反応だった。

さて、皆さんは、ヒトの消化管は一方通行だと思っていらっしゃるでしょう。私も以前はそう思っていました。ところが、そうではないわけです。ある場合には、ヒトも、プラナリアがいつもしているように、逆行させて吐き出すこともするということです。

プラナリアはミジンコも食べる

東京の調布市と府中市には、まだ水田がある。田植えが終わると、田んぼによってはやや大粒のミジンコが発生する。ホウネンエビやカブトエビの出てくる田もある。このミジンコの一種は、栄養豊富な水の中では急激に殖え、水面が茶色く見えるほどになる。ところが、そのように密度が高くなると、すぐさま耐久卵を作り、それだけを底に残してたちまち姿を消してしまう。

二〇〇二年には、それまで十年間飼っていたメダカが死に絶えてしまい、ミジンコが余った。そこで、何気なくT系を飼育している中へミジンコを入れてみたら、何とプラナリアがミジンコを食べるのだった。その様子を観察していると、T系はいかにも水流を感じているように頭を動かし、獲物が近づいて来ると、透明な「水中とりもち」を出すようである。ミジンコは何か粘着性のものにくっついて動けなくなり、プラナリアに食べられてしまう。しかし、T系がミジンコだけで飼えるかどうかは、まだ調べていない。ミジンコがエサになるなら、ケンミジンコはどうかという設問も当然出てくる。が、こちらもまだ調べていない。それから、カイミジンコの一種がT系を飼育している中に混入したこともあった。この時は、カイミジンコがプラナリアに食べられることもなく、また、プラナリアに何かしら害を及ぼすでもなく、平和共存しているようだった。

一方、ナミウズムシにはどうか。この原稿を書いている段階でこの種にもミジンコを与えてみた。T系と違ってなかなか捕まえられないように見えるが、何かの拍子に捕まえることがあり、その時にはやはり食べている。

水草を代える

二〇〇二年にも夏の終わり頃から、屋外に出してあるT系にエサを与えたのだが、産卵が見られたかどうか記憶がない。水温が高いと生殖器官は退化するのだから、この年の秋には産まなかったのかもしれない。また、その後室内にもどした時から、飼育している水の中にアナカリスを入れるのはやめて、水面にウキクサを浮かべることにした。水を換える際に、水草の長く伸びたものが扱いにくいからである。ウキクサを、水を換えるたびに少しずつ、殖えた分と思われる位の量を捨てたが、それによって水中の窒素が除去できるかどうかはわからない。

さらに多くの蚊を試験

二〇〇三年の春にはT系は、全部まとめて二〇〇〇匹ほどに殖えていた。ここで急に蚊の話題になる。『蚊の不思議　多様性生物学』宮城一郎・編著（東海大学出版会　二〇〇二年）によると、わが国には蚊が一一二七種生息している（7ページ）（この本の六章に、堀尾政博博士がオオカに関して詳述されている。）。T系のエサには、蚊の蛹が最適といってもよいほどであることを最初に見いだしたのは、前述のようにアカイエカという種を用いてであった。

二〇〇一年、二〇〇二年にT系に与えたのは、多い順にいうと、ヒトスジシマカ、アカイエカ、ヤマトヤブカとなろうか。その他にも八種、キンパラナガハシカ、フタクロホシチビカ、ハマダラナガスネカ、トウゴウヤブカ、オオクロヤブカ、トラフカクイカ、キヨウトクシヒゲカと思われるもの、ヤマトクシヒゲカと思われるものの蛹を試してみて、すべてプラナリアにとっての「食用」になることを確かめていた。

ここで気になるのは、蚊の蛹ならなんでも、大きくいえば日本産の一一二七種全部が、もっといってしまえば外国産の蚊の蛹でもT系のエサに使えるだろうか、ということである。この年には、これまで与えたことがない種の蛹について調べてみた。勿体ないような気もしたのだが、とうとうトワダオオカの蛹を即死させて、T系に与えてみた。すると、さすがにこの巨大な蛹は、プラナリアにとって「食べで」があるようだった。そこで、また引用するが、杉野博士の論文にも、〃プラナリアはほぼ体重分位を一度に摂食することがわかる。じっさい餌をとった虫は見かけ上もとの一・五倍位の大きさに見える〃（225ページ左「原文のまま」）とあるが、まさにそのとおりに見えた。

二〇〇三年の初夏には、町田市内の渓流の水を引いている親水施設から、ヤマトハマダラカと、アカツノフサカと思われるもののボウフラを捕って来た。この二種の蛹も、T系のエサに使えることが新たにわかった。それから、八王子市内の谷戸田から、シナハマダラカと思われるものと、ハマダライエカのボウフラを捕って来た。この二種の蛹も、T系は喜んで食べることが判明した。これでわが国の一二七種の約八分の一について、プラナリアのエサに使えることがわかった。

次の四種の蚊は、私は一九九六年に、東京の多摩地域からボウフラを捕って来て成虫にまで育てたことがある。しかし、その後は採集していないので、それらの蛹がT系の食料となるかどうかは未確認である。その四種とは、コガタイエカ（コガタアカイエカとも言う。日本脳炎を媒介するので有名）、カラツイエカ、コガタクロウスカ、フトシマツノフサカである。

病原体を憎んで蚊を憎まず

嫌われ者の蚊であるが、巡り巡って、あるいは、人間の側から「手を差し延べて」やればば何か役に立つのである。だから、読者の皆さんには、撲滅しようとは思わないでもらいたい。

そのためにも、U.S.A.には、わが国に西ナイル熱ウイルスを輸出するようなことは絶対防いでもらいたいものである。同じことがデング熱、マラリアなどの他の病気についても、それらが発生している国に対して言えることである。

とにかく、最近はボウフラのたくさん捕れる採集地が減りつつあり、私にとっては少々困ったことである。

二〇〇三年の夏以降

この年は気温が上がるのが早かったので、T系の生殖器官の退化も早かった。それで、産み落とされた卵殻も数個しかなかった。ところが、夏はそれほど暑くなかったので、T

系の一部を部屋の中の直射日光の当らない所に置いて、そのまま越させることができた。例によってナミウズムシとT系とを、夏に屋外の流し台の下に収容したのだが、今回はエサも与えず水も換えず、翌年の三月までそのままにしておくという、ひどい仕打ちをした。

プラナリアの世話をしないで、一体何をしていたのかいうと、詩のようなものを書いていたのである。

ここで、誠に勝手ながら、どんなものを書いたのか、二つご覧にいれましょう。

軌道計算

天動説も地動説もちがう。
私の世界の中心はあなただ。
楕円も螺旋も描かず、
最短距離を駆け寄りたい。
あなたは重心だ。

あなたは基準点だ。
魅力の極限だ。
私の後半生の変曲点だ。
感情の起伏の特異点だ。
私の座標系を、
あなたを原点として再構成し、
無限遠点まで連続する、
グラフを完成させたい。
最大値も最小値も、
二人で体験したい。

もう一つは、

進化

二匹のプラナリアが、腹面をこすり合わせて交尾している。
雌雄同体の彼らの場合、お相手は彼女であると同時に彼氏。
それだけでも人間の理解を超えているが、
再生力の旺盛なこの扁形動物では、
もしかするとお相手は、以前ちぎれた自分の分身かもしれない。
究極の近親結婚。
想像を絶する世界だ。
が、しかし、これが生物の古いやり方だという考えも成り立つ。
でも、
私は彼らに言いたい。
「雌雄異体になってしまって、

異性を求めざるを得ないのも、
オツなものだよ。」

その他いろいろ書いて応募したが、複数の出版社の公募していた賞に四回落選した。この四回という数などは、とても少ない方だろうと思う。

そんなこんなで、見捨てられたに近い、危機的状況だったにもかかわらず、ナミウズムシは一〇匹ほど生き延びていたし、T系は、死んだものや傷を負ったもの、痩せたものもいたが、合計一〇〇匹位は生き残っていた。これは、この時の冬がそれほど寒くなかったことも幸いしたのかもしれない。T系はその他に室内で飼っていたものが約八〇匹いた。

蚊、ユスリカの飼育

読者の皆さんは、ボウフラの飼育の話がよく出てくるのに、エサは何を与えているのか書いてない、とお気づきだと思う。私が最も多く用いたのは、市販の鑑賞魚用の「水をよごさない」エサである。確かに水が汚くならず、ボウフラの生育も順調である。他には、顆粒状のドライイーストもよいが、こちらは過剰に投入してしまうと水が臭くなる。今考えているのは、ボウフラのエサのコストダウンで、わが家で栽培してできたお米を砕いて与えたらどうか、あるいは拾って来たトチやマテバシイの実の中身を粉にして与えてみようか、などと計画している。

ふと、現在飼育中のヤマトヤブカのボウフラを見ると、水面に膜状に広がった緑藻を一心に食べている。この幼虫は菜食主義なのかもしれない。とすれば、藻類の培養法も研究する必要がありそうである。

また、蚊の名は詳しく書いてあるのに、ユスリカはただ「ユスリカの類」としか書いてないことにも、皆さんはお気づきであろう。

本書で挙げた蚊の種名は、『蚊の科学』佐々学・栗原毅・上村清・共著（図鑑の北隆館一九七六年）に拠っている。ユスリカは、この昆虫に関する一般向けの本を二、三見たが、この類はわが国に一〇〇〇種も生息しているということで、これでは手に負えない。わが家の周りにも普通にいるのは、セスジユスリカという種だろうと思う。

これまでを反省してみると、ボウフラの飼育もそれほどうまくできたとはいい難いが、ユスリカの類の幼虫の飼育は、失敗の方にかなり近い。卵塊をいくつも取って来て、きわめて多数の、体長二ミリメートルもない幼虫が出てくるのだが、その内のほんの一部しか終齢まで、さらには蛹まで育てられなかった。

飼育容器の大きさも、幼虫の数に応じてどの程度のものが必要かまだよくつかめていない。ユスリカの類の幼虫も顆粒状のドライイーストで飼えるけれども、もっと安くてよいエサを開発しなければいけないと考えている。

水中の他の虫たち

それから、ボウフラやユスリカの類の幼虫の生息しているたまり水には、チョウカ（チョウバエとも言う）の類、ハナアブの類、ガガンボの類の、いずれも幼虫が見られることもある。これらもみな双翅目（ハエ目）の昆虫である。が、これらの幼虫または蛹を、プラナリアに与えたことは未だかつてなかった。今後の実験課題である。

ここで、突然、ある光景が蘇ってきた。大学一年の時、同級の一杉周平氏と、初夏に、東京奥多摩町の日原鍾乳洞へ行き、近くの沢の水際で休んでいて目撃したシーンである。ナミウズムシがいわゆる川虫、トビケラの類の幼虫をからめとり、食べてしまったのである。二人で一部始終を見て、「すごい」と驚いたのであった。何を今さらの感があるが、水生昆虫の「幼虫」がプラナリアのよいエサであることは、多くの文献に記されているところである。では、その「蛹」はどうであろう（蛹にならないものもあるだろう）。また、釣り具屋で川虫の真空パックを見たことがあるが、それは天然モノだろうか養殖モノだろうか。前に、私は研究の対象を双翅目（ハエ目）に限定するかのようなことを書いた。しかし、もっといろいろな目《もく》の水生昆虫について、飼育法、増殖法、プラナリアの「食用」に向くかどうか等々を、手広く調べてみるべきであろう。

少し実行

そこで、二〇〇四年の四月に手始めに、ハナアブの類の幼虫（オナガウジ）を、T系に与えてみた。最初の感触では、悪くなさそうである。食べているところを見てはいないが、いつの間にかハナアブの類の幼虫の姿が消えて、小さく丸まった「カス」が残っていた。後に、この幼虫が水中から脱走することもあることがわかったが、この時はそうではなくて食べられたのだと思われる。実験を継続してみようと思う。ところがこの幼虫は、夏の暑い時期には全然見かけなくなってしまうようである。

わが家の内外にはチョウカの一種（オオチョウカであろうか）が住んでいる。その虫が、ユスリカの類の幼虫を飼育している中へ、勝手に卵を産んでいった。「飛んで火に入る夏の虫」とは、こういうことをいうのだろう。蛹になったところでやや硬い殻を破壊して死亡させ、T系に与えてみた。すると、かなり積極的に摂取する。繰り返し与えても、「食あたり」を起こさないようである。チョウカはプラナリアの食料になる、といえそうである。

ガガンボの類の幼虫は、私は知らなかったのだが、肉食性のようである。飼育がかなり難しいと思われた。

また、川虫とトンボのヤゴを捕って来てみたが、数日間飼っておくことすらできなかった。もっともっと昆虫について勉強する必要がある。

「検疫」の期間を設定

ところで、大事なことを書き忘れていた。屋外から捕って来た昆虫を、すぐにプラナリアに与えることはしない。一旦きれいな水（水道水に塩素の中和剤を入れたものを、すぐに使って差し支えない）に入れ、素姓のわかっているエサを与えて、少なくとも一日は様子を見る。言うなれば、「検疫」の期間を設けるのである。アカイエカのボウフラなどは、時としてものすごく臭いドブで多数捕れたりするから、自然に、何日かかけて「浄める」ようになったのである。

G－系統に比肩するか？

私の手許の、T系と名付けたプラナリアの一種の集団は、最初に捕って来た一〇匹から分裂で殖えたものと、それら同士が有性生殖して生まれた子供たちの混合である。すなわち、ただ一匹から無性的に増殖したクローンではない。T系の中には二〇～三〇匹に一匹の割合で、幅が普通より細く、長さは異様に長く、生殖器官ができないで、大きくなると後方の部分をようやく引きずって動いているような個体が出現することがわかっている。今後はこのような虫で、一匹を何十万匹にまで殖やせるかどうか挑戦してみようと思った。

そこで、一匹の細くて異様に長い虫を、それだけをガラスの深皿に分離した。三週間が過ぎた頃には、元は一匹だったものが何回か分裂して、「大きい」のが一匹と「小さい」もしくは「細かい」のが六～七匹となった。これを見ると、虫たちの密度が高い時は、たとえば水中の何かの濃度も高くて、分裂が抑制されているのではないかと想像された。

その後早くも五か月たった。記録的だった二〇〇四年の夏の猛暑も何のその、偶然に選ばれた一匹が、今や約九〇匹に殖えている。その陰には、プラナリアの血となり肉となった、何千という蚊の蛹の貴い犠牲があったことを忘れてはならないだろう。

あとがき

バルトークのピアノ協奏曲第三番の第二楽章の始めのところには、音符に書き写した鳥の鳴き声が使われているという。この部分を聞くたびに、私は、この木管楽器のフレーズは、人間の頭で考え出すことは絶対できないのではないか、と思う。

本書を要約すれば、二〇〇〇年二月八日に、私がわが国に土着のものではなさそうなプラナリアに出くわし、小さな偶然から蚊の蛹をエサにして飼育できることを見つけた、と、ただそれだけのことである。それだけのことではあるが、これも、頭で考えて得ることは絶対できない知見といえるだろう。

何かしらを「くわだてる」、「こころみる」、までは頭で考えることであるけれども、実際に「おこなった」とたんに、もう考えの及ばない世界に足を踏み入れている。その中で、いろいろ「ためした」結果、どんな「ちいさな」、「こまかな」ことでも、一応のまとまりのあるものを作ったら、人間はこれを伝えることができる。本書の内容も、多くの人にとってどうでもよいことではあろうが、その一例である。

こういう、市井の人々の実生活との接点がいつか出現するかどうかもわからず、永遠にないかもしれないことが書いてある本が世に出られたのも、日本文学館の方々のおかげである。最大の感謝を致します。

著者プロフィール

秋本　和弘（あきもと　かずひろ）

1952年、蠍座、東京生まれ。
自宅からかよっていた某大学を、廃校が迫っていたので、卒業するハメになった。
血液型はA型。
職歴貧弱。
賞罰無縁。
体力・健康に自信なし。

元祖　正しい引きこもり　プラナリアとの宿縁

2005年3月15日　第1刷発行

著　者　秋本　和弘
発行者　米本　守
発行所　株式会社　日本文学館
〒104-0061　東京都中央区銀座3-11-18
電話 03-3524-5207（販売）
印刷所　株式会社　東京全工房

ISBN4-7765-0572-X